小跳豆
Jumping Bean
健康常識系列 ❷

防護！
遠離手足口病

新雅文化事業有限公司
www.sunya.com.hk

小跳豆健康常識系列 ②

防護！遠離手足口病

作　　者：新雅編輯室
封　　面：張思婷
繪　　圖：郝敏棋
顧　　問：許嫣
責任編輯：潘曉華
美術設計：張思婷

出　　版：新雅文化事業有限公司
　　　　　香港英皇道 499 號北角工業大廈 18 樓
　　　　　電話：(852) 2138 7998
　　　　　傳真：(852) 2597 4003
　　　　　網址：http://www.sunya.com.hk
　　　　　電郵：marketing@sunya.com.hk
發　　行：香港聯合書刊物流有限公司
　　　　　香港荃灣德士古道 220-248 號荃灣工業中心 16 樓
　　　　　電話：(852) 2150 2100
　　　　　傳真：(852) 2407 3062
　　　　　電郵：info@suplogistics.com.hk
印　　刷：中華商務彩色印刷有限公司
　　　　　香港新界大埔汀麗路 36 號
版　　次：二〇二二年十月初版

ISBN: 978-962-08-8109-1
© 2022 Sun Ya Publications (HK) Ltd.
18/F, North Point Industrial Building, 499 King's Road, Hong Kong
Published in Hong Kong, China
Printed in China

目錄

勤洗手，將病毒和細菌通通沖走。

好的！

豆豆小故事

皮皮豆的噴嚏

1

皮皮豆，我們一起去公園玩吧。

嗯……好吧。

星期天，火火豆約皮皮豆出去玩耍。雖然皮皮豆有點不舒服，但還是答應了。

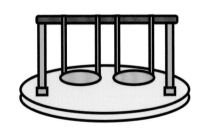

2

乞——嗤——

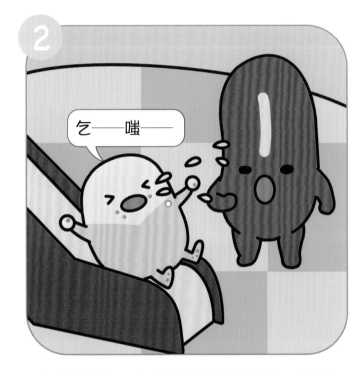

在公園裏，皮皮豆滑下滑梯時，鼻子突然很癢，他來不及掩住嘴巴，就打了一個噴嚏。

3

皮皮豆和火火豆患了手足口病，要留在家中休息。

原來皮皮豆患了手足口病，還把病毒傳染給火火豆，他們的嘴巴周圍和手腳上都出了紅點。

4 三星期後⋯⋯⋯

皮皮豆，很久不見！我們一起去上學吧。

火火豆，是我把手足口病傳染給你的。對不起！

皮皮豆和火火豆都康復了，愉快地回到學校跟同學們一起上課。他們都記住了：生病了要留在家裏休息，打噴嚏要用紙巾掩住鼻子和嘴巴。

手足口病的元兇：腸病毒

小朋友，手足口病是由腸病毒引起的。腸病毒是一羣病毒的總稱，其中柯薩奇病毒和腸病毒 71 型都能引致手足口病。

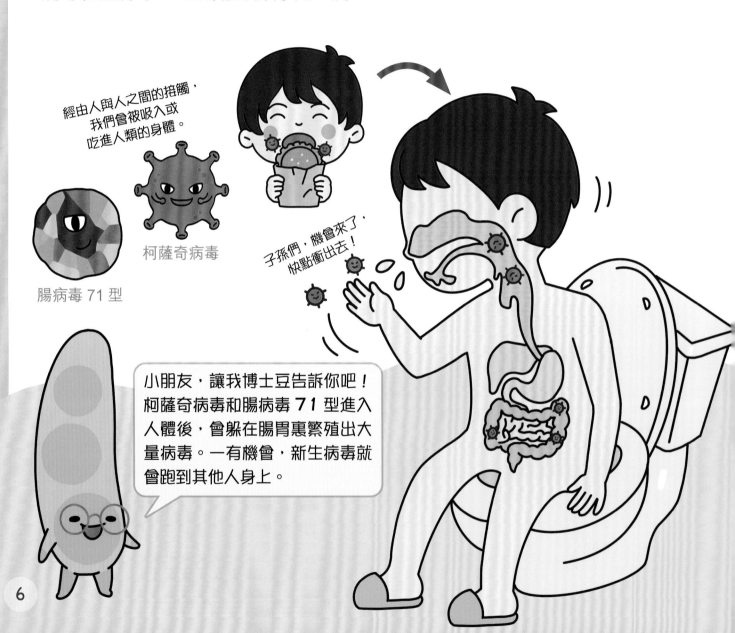

經由人與人之間的接觸，我們會被吸入或吃進人類的身體。

柯薩奇病毒

腸病毒 71 型

子孫們，機會來了，快點衝出去！

小朋友，讓我博士豆告訴你吧！柯薩奇病毒和腸病毒 71 型進入人體後，會躲在腸胃裏繁殖出大量病毒。一有機會，新生病毒就會跑到其他人身上。

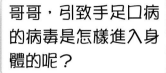  

哥哥，引致手足口病的病毒是怎樣進入身體的呢？

糖糖豆，如果接觸到患者的口水、鼻涕、穿破的水疱或糞便，都會感染到病毒。要小心呀！

經由糞口傳播：當手部接觸到帶由病毒的糞便，若沒有徹底清潔雙手，便可能經由再接觸食物或口部時感染病毒。

經由飛沫傳播：接觸到在說話、打噴嚏、咳嗽時噴出的帶有病毒的飛沫。

經由水疱液體傳播：接觸到患者帶有病毒的水疱液體而受感染。

要避開我們，沒那麼簡單。我們已藏到每一個角落去了。呵！呵！

手足口病是如何傳播的？

手足口病在香港的高峯期是每年 5 月至 7 月（夏季），偶爾也會在 10 月至 12 月（冬季）出現較小型爆發。小朋友，來看看引致手足口病的病毒是怎樣傳播開去吧！

①

這本書真好看！

有機會了，大家快來。

病毒非常細小，像我跳跳豆般用光學顯微鏡也看不到。在日常生活中，我們一不小心就會接觸到它們。

②

看完書了，我們走吧！

機會又來了，快跳過去！

觸碰了公共物品，記得要洗手或者用消毒液清潔雙手，不要讓病毒有機可乘。

媽媽，為什麼剛剛才洗了手，現在又要洗呢？

哈哈豆，細菌和病毒無處不在，要保持雙手衛生，才能減少生病的機會。

各位，衝呀！衝呀！

③

病毒可經由口腔進入身體。

④

我覺得很不舒服呀，媽媽！

媽媽帶你去看醫生吧！

要記得我脆脆豆說的話：身體不舒服就要告訴大人，儘快去看醫生。

手足口病的病毒躲在哪裏？

小朋友，無論是在家裏，或者是在學校裏，每個角落都有可能存在病毒。在下面兩幅圖中，每幅都有 5 隻病毒😊，你能把它們全部找出來嗎？請把它們畫上✘。

我皮皮豆最擅長玩遊戲！病毒，我一定會把你們全部找出來！

外出回來的人可能會把病毒帶回家。大家要像我小紅豆一樣，外出後要先洗手才觸摸家裏的東西啊！

這道算式應該怎樣計算呢？

我回來了。爸爸買了好吃的東西給你和姊姊。

爸爸，你回來了。

病毒，你被發現了，馬上離開吧！

被發現了，快逃！

手足口病的症狀

小朋友，患上手足口病的初期會有以下症狀，一起來看看吧！

發燒

喉嚨痛

我是胖胖豆，最喜歡吃東西。我要保持健康，才有胃口吃很多很多東西啊！

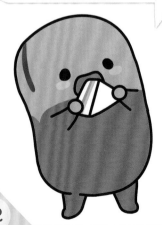

食慾不振

疲倦

小紅豆，在發燒後 1 至 2 天，手足口病的症狀可能會更明顯。

糖糖豆，你說得對，不過手足口病患者亦可能沒有症狀，或者只出現皮疹或口腔潰瘍等。

舌頭、牙齦及口腔的兩腮內側會出現令人疼痛的水疱，導致吞嚥困難。初期水疱只是一個個細小的紅點，之後會形成潰瘍。

手掌、腳掌出現帶有小水疱的紅疹，扁平狀或突起狀，不會發癢。

哈哈！就是我們腸病毒在作怪！

腸病毒 71 型

柯薩奇病毒

如何分辨手足口病和水痘？

小朋友，跳跳豆懷疑自己患了
手足口病，是不是真的呢？
一起來看看吧。

一天，跳跳豆去脆脆豆家裏玩耍。
突然，脆脆豆打了一個大噴嚏！

兩星期後……

媽媽，我身上有些
小紅點，很癢。

跳跳豆，媽媽
馬上帶你去看
醫生。

我身軀上的小紅點，後來擴散
到面部和手腳，而且它們都令
我很癢啊！我是不是患了手足
口病呢？

小朋友，我的哥哥跳跳豆看醫生後，醫生說他是患上水痘，而不是手足口病。

媽媽帶我去看醫生，原來我也患了水痘。以後我會緊記，打噴嚏時要掩住口鼻，有症狀也不應該與朋友聚會。

小朋友，手足口病和水痘都是常見於兒童的疾病，它們的症狀都很相似，我們怎樣分辨呢？

	手足口病	水痘
傳播途徑	鼻水、唾液、水疱液、糞便	鼻水、唾液、水疱液
紅疹／水疱	不痕癢。出現於手掌、腳掌、口腔。	痕癢。先出現於身軀，然後向面部和四肢擴散。
其他症狀	發燒、疲倦、食慾不振	
免疫力	• 痊癒後會對相應的腸病毒產生抗體。 • 沒有疫苗。	• 幾乎所有人在感染水痘後都會終身免疫。 • 有疫苗，9成接種疫苗的人都可以產生免疫力。 • 曾接種水痘疫苗的人仍可能感染水痘，但症狀通常較輕微。

小朋友，如果懷疑染病，就要儘快看醫生啊！

洗手！洗手！再洗手

手足口病是常見於兒童的疾病，小朋友要特別小心，尤其要注意雙手的衞生。
記得勤洗手，把病毒和細菌通通沖走。

小朋友，準備好了嗎？跟我一起來洗洗手吧。洗手時唱兩遍《生日歌》，時間剛剛好。

1

用水弄濕雙手。

2

塗抹肥皂在雙手，或者把潔手液擠壓到手心。

③

揉揉手掌、揉揉手背、十指交叉搓搓搓。

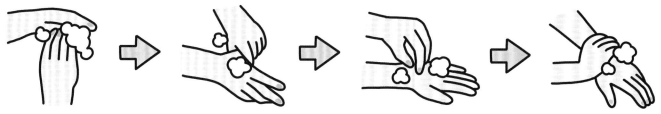

洗洗指背、洗洗拇指、立起指尖搓搓搓。

手腕也要洗一洗，
搓一搓。

④

把泡沫用水沖掉。

⑤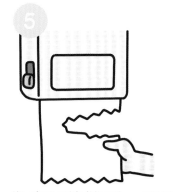

徹底抹乾雙手，不然會
更容易沾上病毒和細菌。

⑥

最後，用抹手紙把水龍頭
關上。

小朋友，如果外出不方便洗手時，
也可以使用消毒噴霧、搓手液、濕
紙巾來清潔和消毒雙手啊！

消毒噴霧

搓手液

濕紙巾

吃蔬果，增強抵抗力

小朋友，我們每天除了吃魚和肉外，也要吃蔬菜和水果，才能增強抵抗力，預防疾病。下面有不同顏色的蔬果，看起來吸引又美味！請為以下各項配對，把代表蔬果名稱的字母寫在右頁（　）內，認識它們的營養價值。

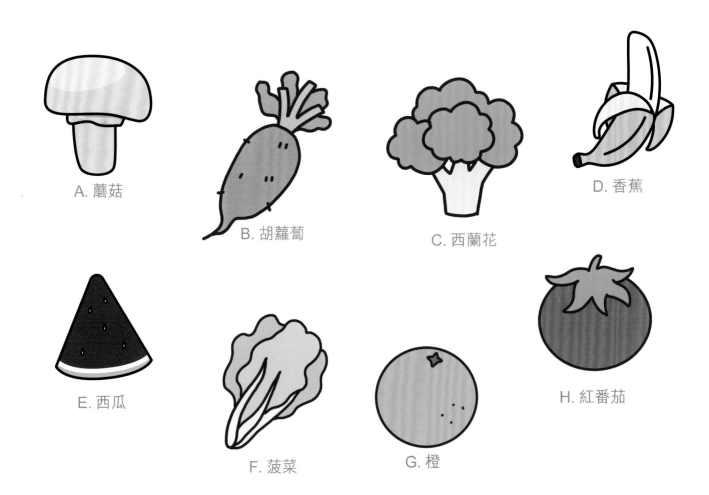

A. 蘑菇

B. 胡蘿蔔

C. 西蘭花

D. 香蕉

E. 西瓜

F. 菠菜

G. 橙

H. 紅番茄

1. 白色蔬果

含鉀，維持骨骼
和肌肉生長。

(　　　　　　)

2. 紅色蔬果

含茄紅素，可預防癌症，
強化心臟血管。

(　　　　　　)

3. 綠色蔬果

含多種維他命（例如
維他命 A、C、K），對健康
非常重要。多數含豐富膳食
纖維，能保持腸道健康。

(　　　　　　)

4. 橙色蔬果

有的含維他命 C，增強
抵抗力。有的含胡蘿蔔素，
幫助維持良好視力。

(　　　　　　)

多吃蔬菜，少吃零食和煎炸、
油膩的食物，身體才會健康。

做運動，身體好

要預防疾病，除了保持雙手衞生和均衡飲食外，還需要適量的運動。小朋友，一起來想想有什麼好玩的運動，讓我們的生活過得既健康又有趣吧！

室內運動

跟着音樂跳舞最開心！

扮動物比賽也是一種運動。

到郊外踏青，既可呼吸新鮮空氣，又可做運動。

山頂風景怡人，令人心情舒暢。

我想到一個有趣的運動，是做動作猜食物。小朋友，你想到更多好玩的運動嗎？

保持個人和環境衛生

生病很難受，我們都不希望受到病毒侵襲。如果每個人都做好預防措施，保護自己，大家就可以開心地過健康生活。小朋友，請觀察以下圖中小孩子的行為，如果他們做對了，請在  塗上你喜歡的顏色。

我是力力豆，力氣很大，在家裏會幫媽媽清潔家居。

每個星期為家中的玩具消毒一次。

咳嗽時沒有掩口，把口水噴到同學身上。

沖廁時，沒有蓋上廁板。

④

 在車上，先用紙巾掩口再打噴嚏。

⑤

 野餐時，先徹底清潔雙手才拿取食物。

⑥

 用手接觸口和鼻的分泌物，例如唾液和鼻水。

好棒啊！小朋友，我們都是講究衞生的好孩子。

患上手足口病了，怎麼辦？

身體不適，就要立刻告訴大人，他們會帶你去看醫生。如果確診感染了手足口病，就要遵守以下的事以免傳染別人。小朋友，你做得到嗎？

> 老師，我患上手足口病，不能上學了。

> 多休息，多喝水，就會快點康復。

感染手足口病，應留家休息，不要上學。

在必須外出時要戴口罩。

> 表妹，星期天是我的生日，會在我家舉行生日會，你會來嗎？

> 表姐，我病了，不能去。

不要出席聚會。

24

小朋友，看醫生時，你們可以自己回答醫生的問題嗎？

脆脆豆，你有什麼不舒服？

我喉嚨很痛，而且覺得很疲倦。

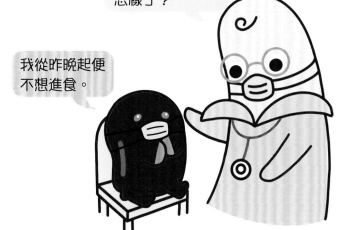

力力豆，你覺得怎樣了？

我從昨晚起便不想進食。

小紅豆，你是什麼時候有發燒的感覺？

昨天跟媽媽去逛商場，覺得很冷，回到家就開始感覺發燒。

看醫生時，不舒服的地方、開始不舒服的時間、做了什麼之後開始感覺不舒服，都要告訴醫生，說得越仔細越好。

小心！別把手足口病傳給別人

手足口病的傳染性比較高，如果染病了，記得要特別注意和家人的日常相處，以免傳播病毒。

姊姊，陪我玩吧。

你不要進來，姊姊生病了，會傳染給你，讓你也生病的。

除了照顧者，避免與其他家人接觸。

爸爸媽媽，吃飯啦。

女兒，一起吃飯吧。

用視頻和家人見面，一起吃飯，就不怕寂寞了。

小朋友，由腸病毒 71 型引起的手足口病，病毒可留在患者的排泄物長達幾星期，所以在退燒和身體上的水疱結痂後兩星期才上學或參加集體活動啊！

今天好嗎？爸爸很想你啊！

我好很多了。爸爸，我愛你。

飛吻代替親吻，別讓自己接觸到家人。

好的，這是你專用的洗漱用品，媽媽給你準備好了。

媽媽，我想去洗澡。

不要與他人共用毛巾或其他個人用品。

媽媽，我剛去完洗手間，請你幫我消毒洗手間吧。

好的，你先回房間吧。

接觸過的物件要立刻消毒。

兩星期時間很長，不要白白浪費掉啊！我在隔離期間看了很多有關遊戲的書，回到學校一定玩什麼遊戲都可以贏。

對抗手足口病

雖然現時沒有治療手足口病的藥物，但患者一般在 7 至 10 天內可自行痊癒。
小朋友，以下哪些是有助康復的方法呢？請連連看。

1 勤做運動

2 多喝水

3 不肯休息

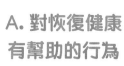

A. 對恢復健康
有幫助的行為

B. 對恢復健康
沒有幫助的行為

✗

4 吃油炸食物

5 早休息

患上手足口病，口腔裏會長出小水疱，十分疼痛。為了紓緩疼痛，食物要以清淡的為主，冰涼或者溫和的東西都合適。

太刺激、太熱、太酸、太油膩的食物，最好不要碰，這些刺激口腔的食物會令你痛得很難受啊！

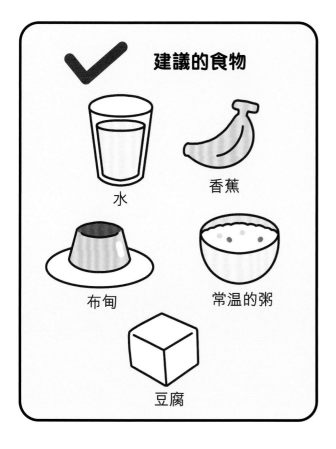

建議的食物

水

香蕉

布甸

常溫的粥

豆腐

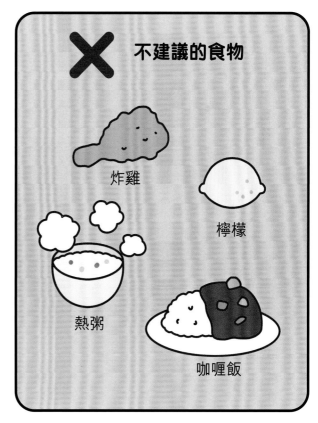

不建議的食物

炸雞

檸檬

熱粥

咖喱飯

睡眠的好處

小朋友，我們每天需要 10 至 13 小時的睡眠時間。充足的睡眠讓身體得到充分休息，無論對預防疾病，還是回復健康，都有很大的幫助。如果要獲得優質的睡眠，以下各項睡前行為哪些是正確的？請在（ ）加 ✔，錯誤的加 ✖。

1.（　）喝朱古力奶（含咖啡因）

2.（　）玩遊戲機

3.（　）喝熱牛奶

4.（　　）聽睡前故事

5.（　　）擁抱洋娃娃

6.（　　）在牀上跳來跳去

原來心情激動，或者進行激烈活動，還有進食含咖啡因的飲料和食物，都會影響睡眠品質啊！

家長小錦囊

1. 看醫生前要準備哪些事？

在家裏，家長可以先讓幼兒描述一下自己的感受，鼓勵他們直接回答醫生的問題。由於比較年幼的兒童還不會清楚表達感受和病情，因此家長或照顧者要時刻觀察孩子的症狀，在醫生問診時提供詳細準確的病情，有助醫生作出合適的診斷和治療。也要攜帶孩子的病歷和住院紀錄前往，並且要將藥物敏感等資料告知醫生。

2. 要給醫生提供什麼資料？

最重要的是孩子感到不適的時間和不適的地方，包括有沒有痛楚、腹瀉等等，以及家長覺得與發病原因相關的事情，例如羣體活動、吃了什麼食物等等。另外，家長需要告訴醫生自己在家中做了哪些處理，包括曾經給孩子服用的藥物、體溫的紀錄等等。

3 如果懷疑孩子患上手足口病，家長要如何處理？

家長應該儘快帶孩子去看醫生，盡量避免讓孩子前往人多的地方，並將他在家中使用的日常用品和其他家人的用品分開。

4. 如果孩子不幸染上手足口病，家長要怎麼做？

照顧病童：手足口病要避免脫水和發高燒、抽搐等症狀，要鼓勵孩子多喝水，定時記錄體溫（發燒是指口探超過 37.5°C），注意進食量及大小便次數和量。因為口腔潰瘍會引起口痛，所以切忌進食太熱或太硬的飲料和食物。如果感染的是由腸病毒 71 型引起的手足口病，要等孩子退燒及紅疹消退，所有水疱結痂後，再休息兩星期，才可以讓他上學。

居家安排：為免傳染其他家庭成員，吃飯時要用公筷，不要與他人共享同一食物或飲料。也不要與人共用毛巾或其他用品。用過的紙巾要棄置在有蓋垃圾桶內。

家居清潔：除了清潔家居外，病童使用過的物件，例如家具、玩具，也要用 1:99 稀釋家用漂白水清潔。待 15 至 30 分鐘後，用水清洗並抹乾。